そうだいすぎて気がとおくなる宇宙の図鑑

国立天文台教授 ★ 渡部潤一 [監修]

西東社

「目の前に砂漠が広がっています。見渡す限りの砂、砂、砂。数えきれないほどの砂粒が広い面積に…いったい、どれだけの数が考えられるでしょうか？　海の砂浜や河原の砂粒まで含めると、地球にはいったいどれだけの砂粒があるのか、まったく想像を超えていますよね。
　これからこの本で紹介する宇宙に輝く星たちは、実は地球の砂粒を全部あわせても足りない、といったらおどろくことでしょう。そう、想像できないほどの世界が、見上げる宇宙には広がっているのです。

そんな日常の感覚では理解できない、そうだいな宇宙。そのおどろきに満ちたすがたを、これから紹介していきます。あなたがページをめくるたびに、これまで考えもしなかった発見やおどろきに出会うことまちがいありません。

さぁ、さっそく宇宙への扉を開いて、未知の宇宙へと飛び出してみましょう！

国立天文台教授　渡部潤一

そうだいすぎる宇宙展へようこそ

　ようこそ、そうだいすぎる宇宙展へ！　ここでは、宇宙のさまざまなすがたや謎、おどろきの真実などが、あなたをお待ちしております。鑑賞するにあたり、いくつかの心がまえのポイントを紹介いたします。

Ⅰ　頭の中の常識を捨てよう！

　これからお見せする宇宙は、私たち地球人の感覚ではとらえきれないほどそうだいで常識外れ。そのことをふまえて、まずは頭の中の常識を捨てて宇宙を見てみましょう。

Ⅱ　わからなくていい！　感じればいい！

　宇宙の研究は日夜進んでいますが、なぜ、そんなことが起こるのか？　専門家でもわからないことがいっぱい。深く考えず、まずは謎や疑問、そんな世界があることを感じられればいいのです。

Ⅲ　ときどき空を見上げよう！

　規格外の宇宙のすがたは、遠い世界の話のようで、実はあなたにも身近なもの。そう、空を見上げれば、いつでもそこにあります。あなたも宇宙の一部なのです。ときどき夜空をながめ、宇宙を感じてみましょう。

むかしの人が考えた宇宙はとても不思議

むかしの人たちが考えていた宇宙

約800年前　北ヨーロッパの宇宙

約3000年前　インドの宇宙

北ヨーロッパの神話では、ユグドラシルという大きな木が宇宙の中心にあり、その木の下に神様、人間、死者の3つの世界があると考えられていました。

インド神話では、宇宙のいちばん上には神が住む山があり、その下には地球があるといわれていました。その地球はゾウ、カメ、ヘビが支えていると考えられていたのです。

これら奇妙な絵が何を表したものか、わかりますか？ 答えは、**むかしの人々の考えていた宇宙のすがたです**。何千年も前の時代の人々も、今の私たちのように、宇宙のすがたを知りたいと願ってきました。そして、神話などの物語を創造したり、太陽などの星々の動きを調べたりして、それぞれに奇想天外な宇宙を思いえがいてきました。しかし、これらの宇宙はすべて、現在の科学の発達によってわかってきたすがたとは大きくちがいます。

約3000年前　エジプトの宇宙

宇宙は、地面を支える大地の神から引き離された天の女神によって生まれたというエジプトの神話もあります。天の女神が、手と足で宇宙を支えていると人々は信じていました。

約500年前の宇宙（天動説）

天動説というのは、地球が宇宙の中心にあり、動くことはないという考えです。この時代は、太陽など星が、地球の周りを回っていると思われていました。

「今の人が考える宇宙」へ

地球は太陽の周りを回る「太陽系」にある惑星

科学の発展により、宇宙のすがたがわかるようになりました。しかしそれは、むかしの人々が考えていたものとは大きくちがいます。

私たちの暮らす地球をはじめとした８つの惑星は、太陽を中心に回っています。 これらと、その周りにある数えきれないほどの小さな天体をふくめた集まりを、「太陽系」といいます。

地球は、太陽系の中に立つ、ほんの小さな一軒家のようなものでしかないのです。

太陽系

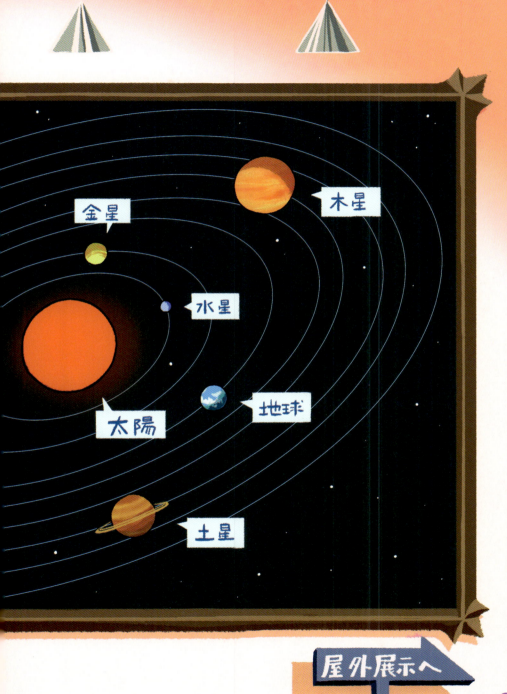

その太陽系も
銀河系の片すみにある

太陽系の周辺にもまた、太陽系のような星の集まりがかぎりなく広がっています。その星々の数、なんと2,000億個以上。これらと宇宙を漂うガス、ちりなどの集まりを「銀河系」と呼びます。

銀河系を上から見ると、中心に向かってうずをまいたような形をしています。**太陽系は、そのようなうずの端にぽつんとあります。**広大な銀河系という町の片すみにある家の集まりのようなものでしかないことがわかるでしょう。

太陽系

横から見たらどらやきのよう

銀河系

その銀河系も
宇宙の村や町のようなもの

しかし、広大な銀河系もまた、宇宙のなかでは小さな村や町のようなものでしかありません。

この絵は、銀河の集まりである「局部銀河群」をえがいたものです。宇宙にある銀河は、銀河系だけではありません。銀河系に近くにあるものだけでも、アンドロメダ銀河や、大マゼラン銀河、小マゼラン銀河など、**およそ50個もの、たくさんの村や町のような銀河があるのです。**これらがおたがいに引き合い、群れのように集まったものが、局部銀河群なのです。これは市のようなものといえそうです。

さらに集まり
国のようになった宇宙

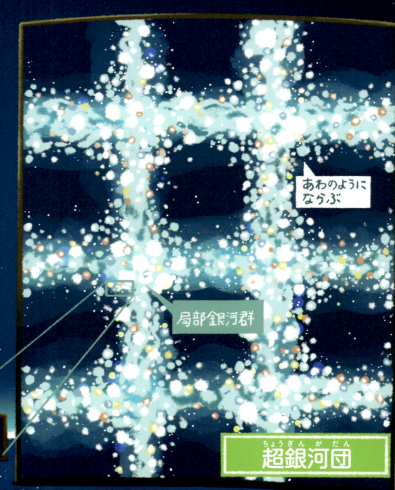

あわのようにならぶ

局部銀河群

超銀河団

局部銀河群などの「銀河群」を、市のようなものと考えると、これらたくさんの銀河群が集まった県のような集まりが「銀河団」です。そして、これらが集まったものが、国のような「超銀河団」なのです。
　おどろくべきことに、超銀河団もまた、ひとつではありません。地球上にたくさんの国があるように、宇宙にもたくさんの超銀河団があるのです。

　ここまで見てきたように、地球は、宇宙の片田舎にある小さな一軒家。その家に住んでいる私たちから見れば、宇宙は、とてつもなく巨大な場所です。あまりに気が遠くなりそうな世界が、地球の外には広がっているのです。そうだいすぎる宇宙展はまだ始まったばかり。ここからの展示では、あなたを、さらにおどろきに満ちた宇宙の冒険にお連れいたします！

さあ　そうだいな宇宙の旅に出かけましょう！

そうだいすぎる宇宙展
展示のご案内

- そうだいすぎる宇宙展へようこそ ……………… 4
- むかしの人が考えた宇宙はとても不思議 ……… 6
- 地球は太陽の周りを回る「太陽系」にある惑星 … 8
- その太陽系も銀河系の片すみにある ………… 10
- その銀河系も宇宙の村や町のようなもの …… 12
- さらに集まり国のようになった宇宙 ………… 14
- そうだいすぎる宇宙展を楽しむために
  知っておきたい7つのこと …………………… 20

第1展示
宇宙の誕生、銀河と太陽系

- 宇宙は138億年前に一瞬で生まれた　　26
- たった3分で万物のもとが生まれた　　28
- その後宇宙は爆速でふくらみ続けている　30
- 地球はまあまあ若い星　　32
- 地球は木星に守られている　　34
- 木星のオーロラはスーパーデカくてまぶしい　36
- 木星の台風は激ヤバ級　　38
- 土星の環っかは氷のつぶでできている　40
- 土星は水にうく　　42

火星の夕焼けは青い	44
火星の山には富士山がすっぽり入る	46
金星にふる雨は骨をも溶かす	48
太陽の湯気は太陽より熱い	50
天王星の昼と夜の長さは人の一生と同じ	52
地球を見守るすい星がある	54

📷 **写真でながめる宇宙コーナー①**
ハレーすい星が次にやってくるのは2061年! ……… 56

海王星ではダイヤモンドの雨がふる	58
ダイヤモンドでできた惑星もある	60
アマゾン川の1億倍の水を出す星L1448-MM	62
太陽が3つあるけど住みやすそうなグリーゼ667Cc	64
45億年後に銀河系はとなりの銀河と衝突する	66
銀河衝突後、超天体ショーが始まる	68

第2展示
地球と人間、ときどき月

地球の誕生は奇跡である	78
人類の誕生はついさっき	80
人間は小惑星の衝突のおかげで生まれた	82
太陽の中に地球は100万個入る	84
地球の自転が急に止まったらみんなふっとぶ	86
月は天体が地球に衝突して作られた	88
月への遠足は64年かかる	90

17

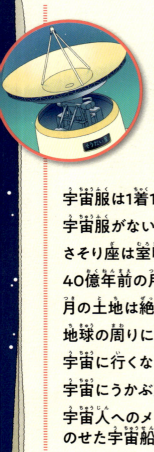

月がなくなると砂漠はこおり南極は砂漠に! ……… 92
宇宙の生物の王様はクマムシ ……… 94
流れ星はいつも流れまくっている ……… 96
宇宙を調べる方法はいろいろ ……… 98
絶対に行けない遠くの星も光で観測できる ……… 100
📷 写真でながめる宇宙コーナー②
光にはたくさんの種類がある! ……… 102

宇宙服は1着10億円 ……… 104
宇宙服がないとミイラになる ……… 106
さそり座は室町時代の光 ……… 108
40億年前の月のでかさは今の20倍 ……… 110
月の土地は絶賛発売中? ……… 112
地球の周りには2万個以上のゴミがある ……… 114
宇宙に行くならエレベーター ……… 116
宇宙にうかぶ望遠鏡がある ……… 118
宇宙人へのメッセージを
のせた宇宙船がある ……… 120

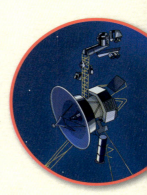

第3展示
はてしなく続く宇宙の旅

宇宙の暗さは大きな遊園地を
ろうそく3本で照らしたくらい ……… 130
宇宙は大きな移動観覧車 ……… 132
宇宙ではワープできる ……… 134

銀河の先にははてしない壁がある ………… 136

地球は太陽に食べられる!? ………… 138

14年宇宙旅行すれば
100年後の地球に行ける ………… 140

人間もブラックホールになれる ………… 142

すい星はみなふるさとからやってくる ………… 144

毎秒ワイン500本分のアルコールを ………… 146
出すすい星がある

スプーン1杯で10億tの星がある ………… 148

8地点をつなぐ超巨大望遠鏡 ………… 150

📷 写真でながめる宇宙コーナー③
重力の王様ブラックホールをついに発見! ………… 152

宇宙人がいる確率を出す計算式がある ………… 154

銀河たちをつなぎとめる謎の物質がある ………… 156

1秒間に10兆個体を貫く物質ニュートリノ ………… 158

ニュートリノをとらえる施設が日本にある ………… 160

宇宙は5%しかわかっていない ………… 162

宇宙の死に方は3パターン ………… 164

宇宙の外には別の宇宙があるかもしれない ………… 166

コラムマンガ 宇宙発見伝

① ハーシェルと銀河系 ………… 70

② 光と科学者たちの発見 ………… 122

③ アインシュタインとブラックホール発見 ………… 168

そうだいすぎる宇宙展を楽しむために知っておきたい 7つのこと

ここでは、宇宙展を鑑賞するための手引きとなる7つのポイントをガイドいたします！

1 宇宙ってそもそもなんなのだろう？

私たちは地球という惑星に暮らしています。その地球は宇宙のほんの一部。宇宙の始まりは、138億年前。とほうもなく小さな火の玉が一瞬で大きく広がることで誕生しました。やがて星ができ、その集まりである銀河ができ、現在の宇宙のすがたとなりました。それで終わりではなく、あなたが今、これを読んでいる瞬間も、宇宙は広がり続け、新たな星が生まれているのです。そのような世界が宇宙なのです。

2 星って一体なんなのだろう？

星は、宇宙を漂うちりやガスなどが集まってできたものです。太陽や夜空で光っている星のように自分で光を出す星のことを「恒星」といいます。そして地球や火星のように、恒星の周りを回って自分では光らない天体を「惑星」といいます。火星や金星が夜空で光って見えるのは、自分で光を出しているのではなく、太陽の光を反射しているからです。さらに、この惑星の周りを回っている、月のような天体を「衛星」といいます。

3 私たちの住む太陽系について

　私たちが住んでいる地球は、宇宙の銀河のひとつ、銀河系の端にある「太陽系」の惑星のひとつです。太陽系というのは、恒星である太陽の周りを回る惑星や衛星などの天体の集まりのことです。46億年前、太陽ができたあと、地球をはじめとした太陽系の8つの惑星ができました。その後、月などの衛星が生まれました。地球をふくむ太陽系の8つの惑星については、これからよく出てきますので、それぞれもう少し説明をしましょう。

太陽系にある8つの惑星たち

1 水星●地球の5分の2ほどの大きさ。太陽からもっとも近いため、その光が当たるところは400℃にもなります。

2 金星●「一番星」とも呼ばれ、地球の夜空にいちばん初めに見える惑星です。大きさは地球の5分の4ほどです。

3 地球●地表の70％を豊富な水におおわれ、そのおかげで太陽系の惑星でただひとつ、生命が暮らしています。

4 火星●地球の半分ほどの大きさ。うすい大気をもち、水の存在も確認されており、生命の存在が期待されています。

5 木星●直径は地球の約11倍で、太陽系最大の惑星です。ガスでできていますが、太陽系でもっとも重さもあります。

6 土星●周囲に美しい環をもつ、太陽系で2番目に大きな惑星です。太陽系では最多の82個の衛星をもちます。

7 天王星●地球の4倍の直径で、氷や岩石の周りにガスの層をもつ巨大な惑星です。横にたおれて回っています。

8 海王星●天王星と直径が同じくらいの惑星で、太陽からもっとも遠くを回っています。うすい5本の環をもちます。

宇宙をひも解くカギは「光」と「重力」

「光」と「重力」がどのようなものか知ると、宇宙の仕組みがわかりやすくなります。

4 光は宇宙からやってきた重要なメッセージ

目に見える光、見えない光など、宇宙からやってくるさまざまな光には、たくさんの情報がつまっています。たとえば、星の光を調べると、その星の成分がわかります。また、地球からの距離を光ではかることもできます。ある星から600年かけて地球に届いた光があるとします。その星と地球の距離は、光の速さで600年かかるほど離れている、と考えます。いいかえれば、地球に届いたその星の光は600年前の光ということです。

5 星の距離は光の速さ「光年」で考える

このように、広大な宇宙の距離を光であらわすときは「光年」という単位を使います。「年」とつくので時間の単位のような気がするかもしれませんが、距離をあらわす単位です。では、1光年はどのくらいの距離なのでしょうか。光の速さは、秒速約30万km。これは1秒間に地球を7周半した距離とほぼ同じで、これ以上速いものは存在しません。何万光年、何億光年と離れている星もたくさんありますから、宇宙の広さはすごいですね。

6 宇宙を治める王様「重力」

物体が、ほかの物体をその中心に引きつけようとする力を「重力」といいます。地球上でジャンプしたとき、下に落ちるのも、地球の重力がはたらいて、中心に引っぱられるからです。重力は、その物質のもっている重さが大きければ大きいほど、強くなります。また、重力の中心から遠ければ遠いほど弱くなります。そして、私たちが地球に引きつけられるのと同じように、宇宙の天体は、重力によりおたがいに引きつけ合っているのです。

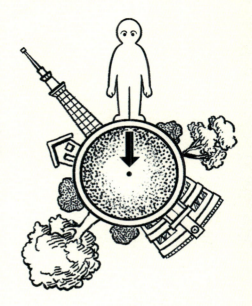

7 地球は自転しながら太陽の周りを公転している

地球は、北極と南極を結ぶ線を軸にしてコマのように回っています。これを「自転」といい、24時間で1回転しています。

また、地球などの惑星は、太陽の周りを回っています。これを「公転」といい、地球が1周するのに365日かかります。太陽系の惑星が散り散りにならないのは、太陽の重力で引きつけられているからです。地球の衛星である月が離れていかないのも、地球の重力で引きつけられているからなのです。

これで、宇宙のかなたに旅立つ準備は完了
そうだいな宇宙の不思議を自由に楽しんでください！

第1展示

宇宙の誕生、銀河と太陽系

宇宙はいつ、どのようにしてできたのでしょう？　太陽系や銀河にはどのような星があるのでしょう？　最初の第1展示では、そんな宇宙や星々のおどろきの事実や意外なすがたを見ていきましょう。

宇宙は138億年前に一瞬で生まれた

138億年前…
小さな小さな火の玉が
たった

0.00000000000000000
00000000000000000
0000000000001秒で…

大きく広がり、1兆×1兆×1,000億倍の大きさに!!

なにごとにも、始まりがあります。それは宇宙も同じ。

もともと、何もなかったところに、約138億年前、**目ではとても見ることができないほど限りなく小さく、たいへん熱い火の玉が**できました。なぜ、そのようなものが生まれたのかはわかりません。

この火の玉が、一瞬ともいえる時間の間に、熱の力で大爆発するように、一気にふくらみ広がっていきました。これを「インフレーション」といいます。そして宇宙は生まれたのです。

たった3分で万物のもとが生まれた

　お湯を注いで3分たてば、おいしいカップラーメンのできあがり。でも、この短い時間でできるものは、カップラーメンだけではありません。**なんと宇宙にあるすべてのものの元ができたのも、わずか3分なのです。**

　「インフレーション」のあと、大爆発が起きて宇宙はとても高温になりました。これを「ビッグバン」といいます。そして、ビッグバンが起きて1秒以内に、もっとも小さな「素粒子」という物質ができました。そして約3分の間に、この素粒子がいろいろな形にくっつき、あらゆる物質の元となる「原子」ができあがったのです。

あらゆる物の元となる原子とは？

私たちの体をくわしく見ていくと、「原子」と呼ばれるとても小さな物質からできています。実は、人間だけでなく地球や銀河といった宇宙にあるあらゆるものが、原子という小さな物質で作られているのです。

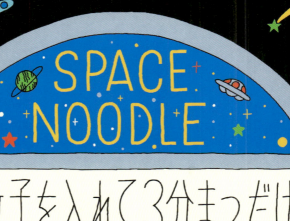

138億年前、小さな火の玉が「インフレーション」でふくらみ、「ビッグバン」で一気に広がりました。しかし、それで変化が終わったわけではありません。その後、現在の宇宙を作っているさまざまな物質ができ、星が生まれ、銀河や銀河団、超銀河団が作られていきました。同時に、**宇宙は光の速さ（秒速30万km）よりも速いスピードで、風船のようにふくらみ続け、とほうもないほど広がっていきました。**こうして現在の宇宙ができたのです。そして、今も宇宙はふくらみ続けています。

90〜100億年後
銀河団や
超銀河団の誕生

138億年後
現在の宇宙

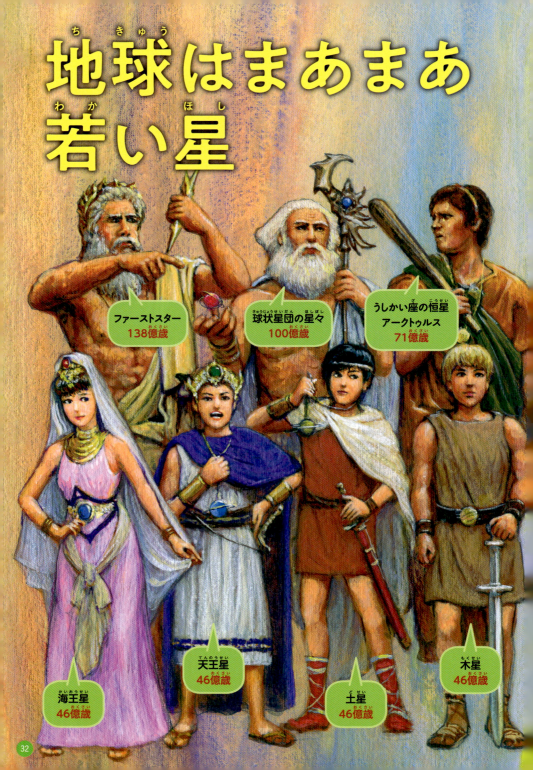

地球は今から約46億年前に生まれました。私たち人間の時間で考えれば、とほうもないむかしです。しかし、星としては、まあまあ若いほう。人間に見立ててみると、地球をはじめ、同じ頃にできた**太陽系の8つの惑星は、8つ子の中学生**くらい。そして、その少し前に生まれた**太陽は少しお兄さんで高校生**くらいなのです。

では、ほかの星はどうでしょう。宇宙で最初に生まれた星「ファーストスター」は138億歳、数万から数百万もの星が集まった「球状星団」が100億歳。ほかにもまだまだ年上の星はいっぱい。**大先輩の星と比べると、地球はまだまだ子どもですね。**

おうし座の恒星
アルデバラン
66億歳

オリオン座の恒星
ベテルギウス
1001万歳

太陽
47億歳

水星
46億歳

火星
46億歳

地球
46億歳

金星
46億歳

おおいぬ座の恒星
シリウス
2〜3億歳

木星（もくせい）

木星（もくせい）に降りそそぐいん石（せき）の数（かず）は
地球（ちきゅう）の**2,000～8,000**倍（ばい）!

木星（もくせい）の重力（じゅうりょく）は
地球（ちきゅう）の約（やく）**2.3**倍（ばい）!

地球は木星に守られている

　惑星にいん石が降ってくるのは、よくあることです。小さないん石なら、地上に落ちる前に燃えつきてしまうので問題ありません。でも、いん石のなかには巨大なものがあり、ふってくるとたいへんなことになります。

　しかしご安心を。太陽系には木星があります！　太陽系最大の惑星だけあって、惑星の中心に引きつける力が強いので、巨大ないん石を吸いよせてしまうのです。そのおかげで地球は守られています。そう、木星は「大丈夫だ、おれが盾になる」と**自らの体でいん石を受け止めてくれる、頼れるスーパーヒーロー**だったのです！

地球

木星のオーロラは スーパーデカくて まぶしい

　地球の南極や北極の空に、レースカーテンのような光がゆらめく、たいへん神秘的なオーロラ。本物を見たことはなくても、テレビや本などで知っている人も多いでしょう。

　実は地球は金属でできており、磁石のように磁力をもっています。太陽からやってきた粒子は、地球の大気に含まれる成分とぶつかると光を放ちます。これがオーロラです。北極や南極は磁力によって粒子がたまりやすいため、オーロラができるのです。**木星にも磁石の性質があり、その力の強さは地球の約10倍！　しかも、解明されていない未知の力まで加わって、オーロラの輝きは地球の100倍にもなります。**

　地球でも見られる機会が貴重なオーロラ、そのスーパーサイズが見られるなんて！　それだけでも木星に行く価値大アリでしょう！

宇宙からも木星のオーロラは見える!

太陽系でいちばん大きな木星の直径は地球の約11倍。それだけにオーロラも巨大で明るいので、宇宙からも見えます。

木星の直径
約**142,984**km

地球の直径
約**12,756**km

木星の台風は激ヤバ級

「木星」

太陽系最大の木星は、しまもようが特徴的な惑星です。そのしまの正体は、超ビッグサイズの雲だと考えられています。そして、このしまもようから、木星上空には、**とほうもない台風が巻き起こっていることがわかりました**。木星のしまもようのある場所では、1秒につき風速180〜350mもの台風の嵐が吹き荒れているのです。**表面に見える巨大な目玉もようは台風の目で、なんと地球2個が入るサイズです**。さらにその台風は400年も続いていると考えられています。

木星、ヤバいです。

風の速さはピストル級！

秒速350mといえばピストルの弾の速さ。つまりもし小石が飛んできたらピストルで撃たれるのと同じです。

台風の目は地球がラクラク入るサイズ！

台風の目とは、台風のうずの真ん中にある大きな穴のこと。木星の台風の目は赤くて大きなうずを巻いていて、地球が2〜3個入るくらいの大きさになります。

地球の雷の数百倍！

木星の雲の中は激しい嵐で、雷もたくさんおきています。

土星の環っかは氷のつぶでできている

土星の周りには、大きくて美しい環がフラフープのように回転しています。これは、ひとつの環に見えますが、たくさんの細い環が集まり、はば数十万km、厚さは平均10mほどになったものです。
　では、環は何からできているのでしょう。それは、**数cmから数mの氷や岩のつぶ**です。土星の周りを回る衛星や、近くにあった小惑星が土星にぶつかり、くだけてできたと考えられています。
　ちなみにこの環は土星の重力によって分解されつつあり、1億年後には、雨になってふり、消えてしまうとか。連続フラフープ回転記録もそこで終了の予定です。

土星の環は、外側のものは直径50万kmもあります。しかし厚みはたったの10mくらいととてもうすいのです。

土星は水にうく

太陽系にある8つの惑星が、お風呂に入ったとしましょう。このとき、惑星たちはどうなると思いますか?

地球をはじめ、水星や火星など、ほとんどの惑星はお風呂の底へとしずんでしまいます。

ところが、大きさも重さも地球9つ分もある**巨大な土星**はというと…水にプカプカとういてしまうのです。これは、岩石や鉄などでできた星の中心以外のほとんどが、**水素やヘリウムという、軽いガスでできていて、太陽系の惑星で密度が一番、スッカスカなためです**。ぎゃくにしずめるには、〝ど〜せい〟っていうんでしょう?

水より重い物質でできた星はしずむ!

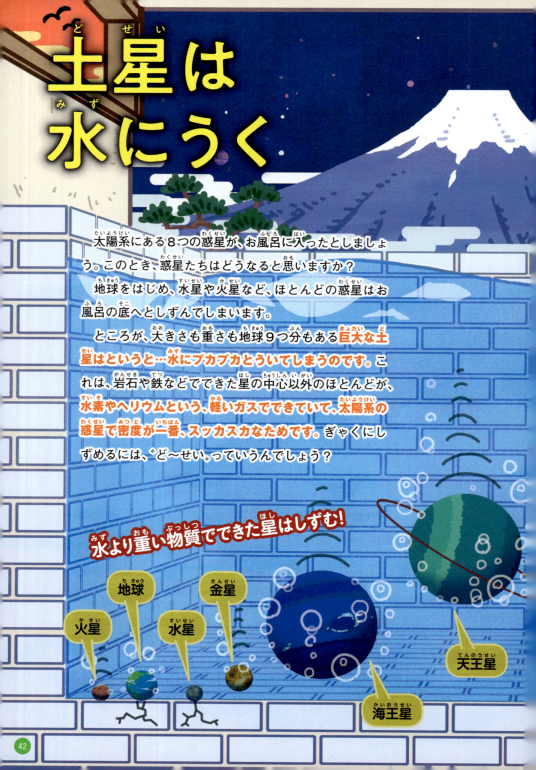

火星　地球　水星　金星　天王星　海王星

火星の夕焼けは青い

　夕焼けといえば、赤い夕日によってオレンジ色にそまっていく空を思いうかべる人がほとんどでしょう。でも、それは地球の話です。火星の夕焼けの色は、青なのです。
　これは、火星の大気が地球よりうすいことが原因です。光には赤やオレンジ、紫や青などいろいろな色が含まれていますが、大気がうすいと、光の中にふくまれる赤い色は完全に散ってしまい、青色が残るのです。青い夕日と赤い夕日。あなたはどっちの夕焼けがお好みですか？

2015年に、NASAの火星無人探査車「キュリオシティー」が初めて火星から見える夕日の撮影に成功しました。カラーで撮られたその写真から、火星の夕焼けが青いことがわかったのです。

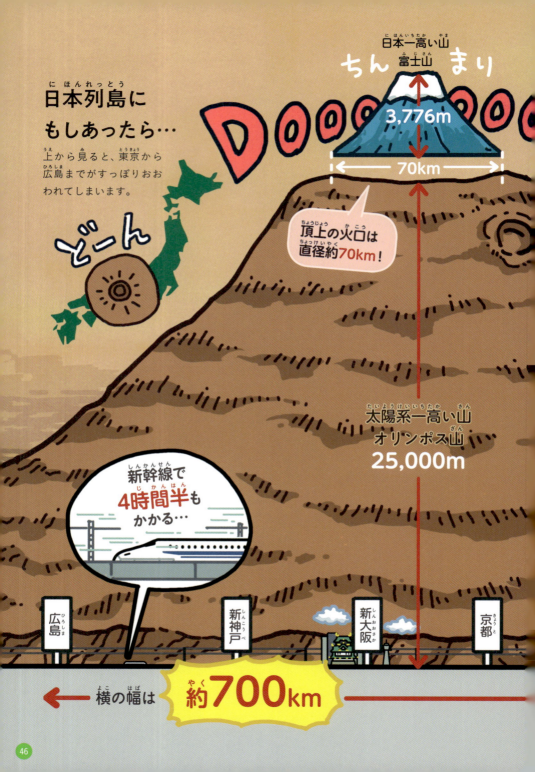

火星の山には富士山がすっぽり入る

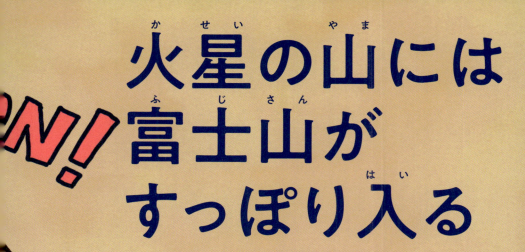

オリンポス山はエベレスト山の約3倍!!!

地球最高峰といえば、8,848mのエベレスト山。地球の陸地では、これ以上高いところはないわけです。ところが、宇宙はエベレストもはるか足元に見下ろすほどの山があります。それが火星のオリンポス山！ 高さはエベレスト山を3つ積み上げた25,000m！ もちろん横ははばも超すごい距離で、すそ野は直径約700km以上。これは、東京〜広島間と変わりません。山頂周りの直径は70km、深さは3,200mで、日本一の富士山が、まるで小山のようにすっぽり入ってしまいます。

地球一高い山 エベレスト山 8,848m

名古屋　新横浜　品川　東京

およそ広島から東京までの距離

金星にふる雨は骨をも溶かす

硫酸の雲でおおわれている

気温が高いので雨はすぐ蒸発してしまう

気圧は地球の90倍! ドラム缶もつぶれてしまうほど

もし硫酸に触れると超キケン!!

硫酸は水のように無色だけれど、とても危ない液体です。熱くなるとほとんどの金属を溶かします。人がふれれば皮膚は大ヤケドし、骨は溶けてしまいます。

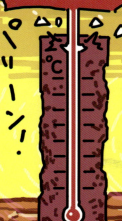

平均気温は470℃！

金星は、近づいたとしても地表が見えないほど、上空は厚い雲におおわれています。この厚い雲のせいで、**金星はさながら地獄のような惑星なのです。**というのも、厚い雲は熱をのがしません。太陽に近いこともあり、**星の表面の平均気温は470℃**にもなるのです。まさに灼熱地獄！ しかも、雲は地球の水蒸気とちがって、**危険な硫酸でできています。**もし、金星に生き物がいても、その雨をあびれば、骨すらも溶かされてしまうでしょう。金星に生まれなくて本当によかった！

太陽の湯気は太陽より熱い

　太陽はとても熱い星です。表面の温度は、実に約6,000℃にもなります。さらに、太陽の周りにある、コロナという湯気のようなものの温度は、なぜかさらに高くて100万℃以上。太陽自身よりも、湯気のほうが熱いというありえない現象が起きているのですが、その原因はわかっていません。

　そんな太陽が、もし人間だったとしたらどうでしょう。この太陽マン、文字どおり〝熱い〟人物になります。それも、近づけないほど！体温こそ約40℃くらいだったとすると、周りは約6,640℃もの湯気をふき出していることになるのです。

　太陽マンに近づくのは危険ですから、出会っても〝ほっと〟いたほうがいいでしょう、HOTなだけに。

湯気（コロナ）は
100万℃以上

表面は
約6,000℃

人間にたとえると…

体から出る
湯気の温度は
約6,640℃

皮膚の温度は
約40℃

天王星の昼と夜の長さは人の一生と同じ

昼が42年

太陽がのぼって日が沈むまでに42年かかります。42年間ずーっと昼が続くので、夜なんて信じない子どももいるかもしれませんね。

もしも天王星に

夜が明けてすぐに生まれる

10代

30代

天王星はかなり変わった惑星です。太陽からとても遠くにあるので、太陽の周りを回るのに84年かかります。また、横だおしになっているので、いくら自転しても、自転では太陽の位置がほとんど変わりません。その結果、**天王星では太陽が出ている昼が42年続き、その後、太陽が沈んでいる夜の日が42年続くのです。**

もし、天王星のような惑星に人が住んだら…**朝生まれの人は、初めて夜をむかえるのは42歳のとき。次の朝をむかえるのは84歳!** 2度目の朝日を見るころには、すっかりおじいさん、おばあさんになってしまっているのです。

生まれたら…?

夜が42年

42年後に太陽がようやく沈むと、長い夜がやってきます。昼のころと比べると、街の様子もすっかり変わってしまいそうですね。

1日が終わるころには80代

60代

40代

地球を見守る すい星がある

紀元前240年の中国

世界でもっとも古いハレーすい星の情報は、今から2200年以上も前の本に残されています。中国の古い本に、王様がハレーすい星を目撃したと記されています。

紀元前12年のローマ

約2000年前、ローマでも目撃されています。当時の王は、ハレーすい星は亡くなった前の王の魂がもどってきたものだと信じ、それにちなんだコインを作りました。

まるで地球を定期的に見守りにくるかのような星があります。その名はハレーすい星！　太陽の周りを約76年で回るので、地球に約76年に一度近づくのです。

そんなこともあり、むかしから世界各地の人々にも知られていました。いちばん古い記録は2200年以上前の中国のもの。日本で初めて目撃されたのは1300年以上も前の飛鳥時代です。1910年には「すい星が近づくと地球の空気が5分、なくなる」などのいいかげんな噂が飛びかい、世界中で大さわぎに。ハレーすい星についてよくわかっていなかったので、こわがってしまったのです。**次にハレーすい星が現れるのは2061年の予定です。**そのときは、あなたがその出現を見守ってみましょう。

約76年に一度 地球にやってくる

684年の日本

日本でいちばん古いハレーすい星の記録は、1300年以上前の飛鳥時代。『日本書紀』という歴史の本でもハレーすい星が目撃されたという記録があります。

1910年の世界

ハレーすい星の尾が猛毒をまき散らし、地球の生き物がちっ息してしまうという噂が世界中に広まり、恐れられたこともあります。日本でも大パニックになりました。

ハレーすい星が次にやってくるのは2061年！

　太陽の周りを回るすい星のなかでも、もっともよく知られているのがハレーすい星です。
　約76年かけて１周しており、地球からも76年に一度、見ることができます。前回、観測されたのが1986年でした。
　ということは、次回、ハレーすい星が帰ってくるのは2061年。地球からもっともよく見える位置に来る日は、夏頃と予想されています。
　ちなみに、現在、ハレーすい星は、海王星よりも外側を旅している真っ最中です。

写真でながめる宇宙コーナー①
〜1986年に撮影されたハレーすい星〜

　すい星とは、長い尾を引いて見える天体のことです。その多くが、太陽の周りを円やだ円に近い通り道で、規則的に動いています。ハレーすい星は地球に近づくと、長い尾を引いて見えます。それはハレーすい星の中心が、岩や氷、ちりからなる「核」でできているからです。太陽に近づくとき、核は太陽の熱を受けて蒸発します。このとき、氷がガスになり、同時に閉じこめられていたちりも宇宙空間に放出されます。それらが太陽からの風や光で、太陽と反対側に流されると同時に光って見えるので、尾を引くように見えるのです。

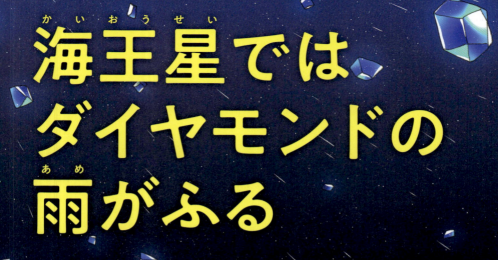

太陽系でもっとも遠い海王星は、メタンというガスの雲におおわれており、メタンが赤い色を吸収するため青く見える惑星です。**この雲の中では、なんとダイヤモンドの雨がふりそそいでいます。** 高い気圧と気温により、メタンからダイヤモンドが作られるのです。ただし、地球のような地面がなく、表面はメタンのほか、水素やヘリウムなどの気体でできているため、ダイヤモンドは星の中心にどんどんしずんでいってしまいます。ダイヤモンドをゲットするには、宙にうかぶ特別な宇宙服が必要になりそうです。

地球ではダイヤモンド1カラット（0.2ｇ）が50万円以上になることも。1円玉（1g）と同じ重さのダイヤモンドは250万円以上にもなります。

ダイヤモンドでできた惑星もある

　ダイヤモンドを取りに宇宙旅行するなら、ダイヤモンドの雨がふる海王星より遠いながらも、おすすめな惑星があります。その惑星の名前は**「かに座55番星e」**。地球から40光年先にある、太陽系の外の惑星です。**その惑星の内部はなんと、ダイヤモンドでできているのです。**

　しかも！　おあつらえ向けにも、惑星の表面には陸もあるから立てますし、酸素もあるようなので、呼吸もバッチリ。ただし、水がありません。もし、ダイヤモンドをほりに行けても、飲み水はわすれないように！

ダイヤモンドの量は地球3個分!

かに座55番星eの直径は地球の約2倍。約3分の1がダイヤモンドでできているといわれており、その量は地球3個分になります。

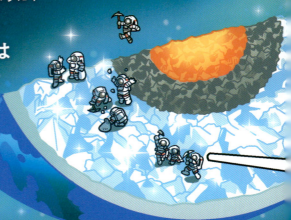

かに座55番星e

ダイヤモンド狩りができちゃう!

アマゾン川の1億倍の水を出す星 L1448-MM

　生まれたての赤ちゃん星は、たいへんな量の水をまき散らします。これは、星の材料となるちりに、大量の水素と酸素がふくまれているため。ちりが集まり星になったとき、水素と酸素がまざって水が作られ、放出されるのです。

　地球から750光年先、おうし座のプレアデス星団の右手にある、10万歳の赤ちゃん星L1448-MMも、まさにそのような天体のひとつです。

　この星は、水をマッハ558（時速19.3万km）の超高速で放出、その水量は地球最大の河川であるアマゾン川の1億倍！　しかも、放出された水は7,500億kmほどまで漂い、水温はなんと約10万℃、これが1,000年も続くという、想像できないスケールです。

　赤ちゃんはよく泣き、よくもらしますが、赤ちゃん星の放水は、スケールがちがいますね！

水の温度は約10万℃!!

別名
「ウォーター
　シューティングスター」
「宇宙の消火栓」

太陽が3つあるけど住みやすそうなグリーゼ667Cc

　今のところ地球以外に、生命がいる惑星は見つかっていません。しかし、太陽系の外では、生命がいてもおかしくない環境と思われる惑星が、いくつも見つかっています。
　そのひとつが、太陽系から22光年離れたグリーゼ667Ccです。この惑星と、この惑星の恒星とは、惑星の水が蒸発もせずこおりもせず、液体の状態で保たれる距離にあり、生命が生きられると考えられているのです。
　ひょっとしたら、**地球から移住できるかも!?**　ただし、この惑星の近くには、もう2つ別の恒星があります。太陽のような星が3つあると、ちょっと暑かったり、光がまぶしかったり、夏が苦手な人にはきびしいかもしれませんね。

45億年後に銀河系はとなりの銀河と衝突する

巨大な銀河同士が、ときに大クラッシュをしてしまうことがあります。これは、銀河がそれぞれもつ大きな重力によって、引き合っているから。**私たちのいる銀河系もまた、230万光年離れたおとなりのアンドロメダ銀河と、秒速300kmという速さで引き合っています。** そのため、45億年後にはぶつかってしまうと考えられているのです。

では、そのあとはどうなるのでしょう。ぶつかって銀河が散り散りになるのではなく、**星やガスが混ざり合い、ひとつの大きな銀河になるようです。** 衝突事件を経験することで、銀河は大きく成長するわけです。

1秒に111kmの超スピード！

アンドロメダ銀河

銀河衝突後、超天体ショーが始まる

　銀河系とアンドロメダ銀河がひとつになったとき、銀河の星々や、私たちの太陽系はどうなってしまうのでしょう。星同士がぶつかって、たいへんなことになってしまう気がしますが…ご安心を。銀河の中はスカスカなので、星と星の距離はめちゃめちゃ離れています。ほかの星とぶつかることは、ほとんどないと考えられています。

　地球では、ふたつの銀河がまざりあう夜空の変化を、ながめることができるかもしれません。まさに、超天体ショー！　どんな夜空になるか、想像もつきませんね。

宇宙発見伝①

ハーシェルと銀河系

ウィリアム・ハーシェル
（1738〜1822）

約200年前、人々にとっての宇宙は太陽系がすべてでした。

宇宙はこんだけ

太陽とその周りを回る惑星たち、これが宇宙のすべてだと考えられていたのです。

しかし、その宇宙に疑問をもった人がいました。

宇宙は本当にそんな形をしているのだろうか…

天文学者
ウィリアム・ハーシェル

その結果!!

天の川が見える方向には星が集中し、

星多くなる

星少なくなる

天の川から離れるにつれ星の数が減っていくという事実をつきとめました。

この観測結果から、ハーシェルは私たちの住む宇宙はうすい円盤状の構造をしているのではないかと考えたのです。

これは…

宇宙の予想図

太陽系 たぶんここら辺

今まで考えられていたものとは比較にならないほど広いぞ！

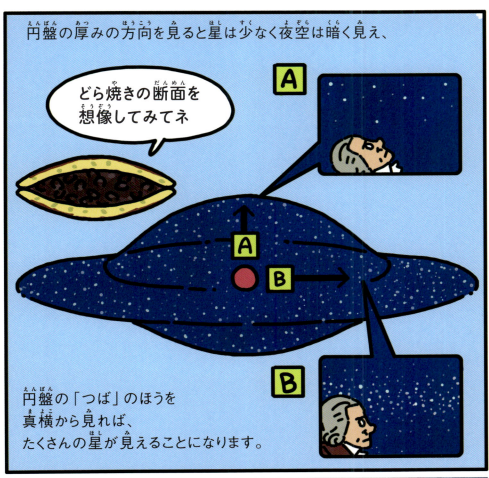

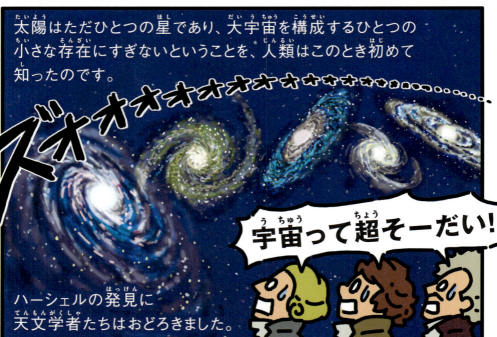

ハーシェルはほかにも自作の望遠鏡で多くの発見をしました。

● 火星と地球は太陽系の中で
もっともよく似た惑星であること

● 天王星の衛星を2つ発見

● 土星の衛星を2つ発見

 エンケラドゥス

● たくさんのすい星を発見
など…

子どものときから星が大好きだった
ハーシェルは、手作りの望遠鏡を
使って星空の観察を続けました。

そして、ついに銀河系を発見して、
宇宙一の天文学者となったのです。

ハーシェルのお墓には
こう記されています。

ウィリアム・ハーシェル
彼は、大空の壁を
つきやぶってくれた

第2展示

地球と人間、ときどき月

ここからは、私たち人間と地球との関わり、地球から見た月、そしてその先に広がる宇宙との関わりについて迫ります。
私たちの暮らす地球から見た宇宙を、さまざまな切り口から見ていきましょう。

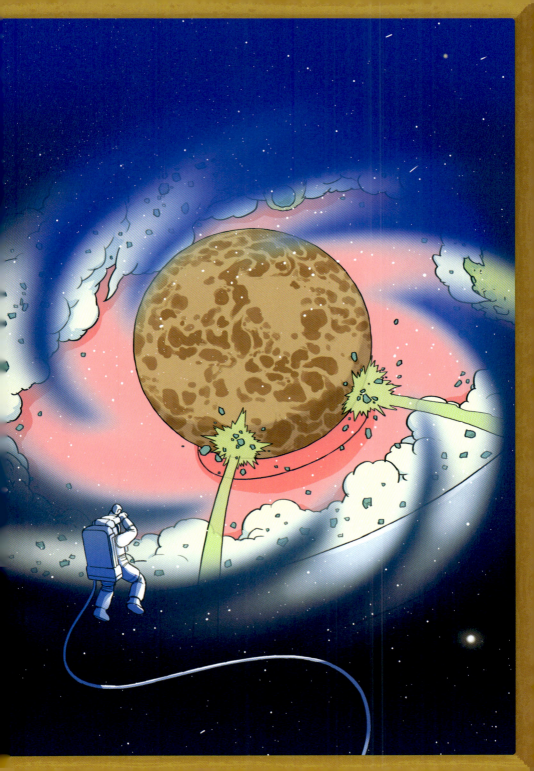

地球の誕生は奇跡である

サイコロをふって、同じ目を10億回出せるでしょうか？　たとえば、2回連続で同じ目が出る確率は約16.7%。これが5回だとわずか約0.08%…と、どんどん下がっていきます。10億回なんて、限りなく不可能ということが想像できるでしょう。

でも、宇宙ではそんな奇跡的なことが起きたのです。それは、地球に生命が誕生する確率です。

地球は水が豊富にあり、その水が蒸発したりこおったりしない、太陽からほどよい距離にあるなど、**まさに10億回同じ目が出たくらいのあり得ないような条件がいくつも重なりました。** そんなミラクルの結果、今、私たちは地球に生きているのです。

人類の誕生はついさっき

宇宙の誕生から今この瞬間までの138億年を1年でたとえると…？

たんじょうび

1月
- 1日 宇宙 生まれる
- 8日 最初の星 生まれる
- 14日 最初の銀河 生まれる

2月
- 9日 銀河系 生まれる

8月
- 31日 太陽 生まれる
- 地球 生まれる

9月
- 1日 月 生まれる
- 16日 地球で最初の生命 生まれる

私たち人類の祖先が地球上に誕生したのは、およそ600万年前のこと。とてつもなくむかしのことのように思えます。でも、138億年前に誕生した宇宙の歴史と比べれば、人類600万年の歴史なんて、ほんのわずかな時間です。とはいえ、ちょっとピンとこないですね。

そこで、138億年間を1年の長さにたとえてみましょう。1月1日が宇宙誕生とすると、太陽や地球ができたのは8月31日くらいです。それでは人類誕生はというと…12月31日23時52分！　宇宙の時間では、人類誕生からまだ10分もたっていないのです。

人類は小惑星の衝突のおかげで生まれた

　6,550万年前、もし地球に直径10kmほどの小惑星が落ちる大事件が起きていなければ、私たち人類が今のような繁栄をすることはなかったでしょう。
　というのも、そのころの地球上はまさに恐竜の楽園。私たちの祖先はまだ小さなネズミのような動物で、恐竜におそわれないように、ひそかに生きてきました。ところが、メキシコのユカタン半島にいん石が衝突！　地球の環境は激変し、恐竜は絶滅してしまったのです。生き残った動物は、恐竜におびやかされることもなくなり、進化をとげました。**いん石は恐竜には恐怖の存在でしたが、私たちには救世主だったといえるでしょう。**

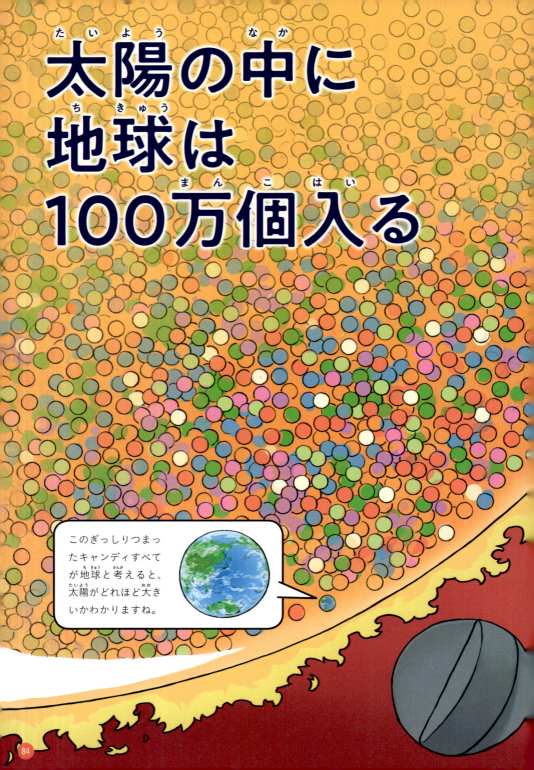

もし、太陽と同じサイズのキャンディマシーンがあったとしたら、地球サイズのキャンディはいくつ入るでしょう？ **その答えは、なんと100万個！** そう、太陽と地球の大きさは、それほどとほうもないほど、ちがうのです。

太陽は、太陽系の中心にある、光を放つとてつもなく大きな恒星です。直径は約139万km。これは、地球を横に約109個ならべたサイズです。それだけに、太陽の重さもまたすごいことになっています。地球は6,000,000,000兆tもの重さがありますが、太陽はさらにその33万倍！ もう想像もつきませんね。

太陽の直径は地球の109倍！

← 139万 km →

12.7万 km

地球　太陽

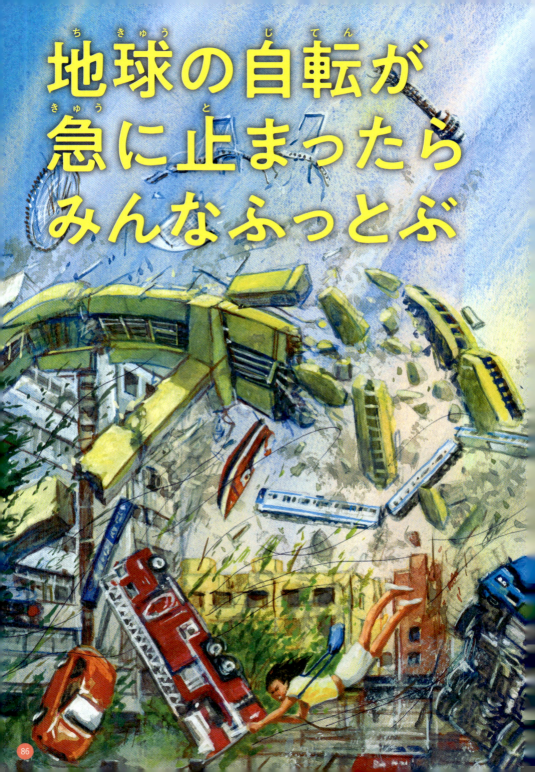

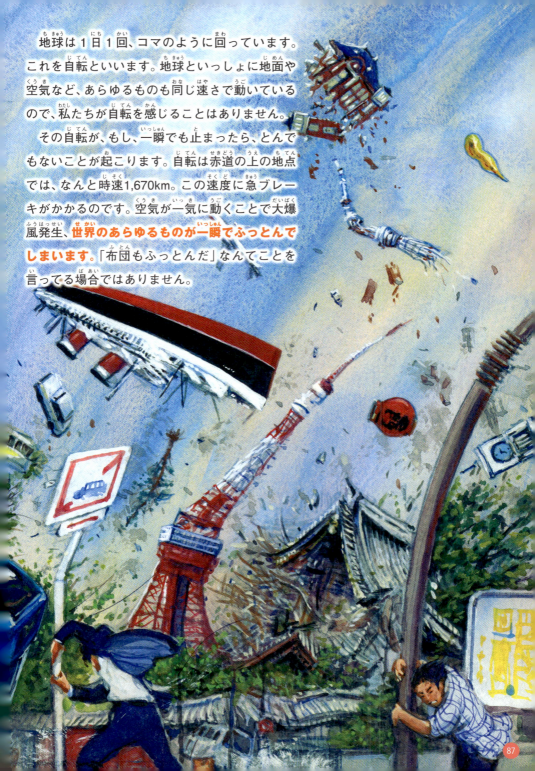

地球は1日1回、コマのように回っています。これを自転といいます。地球といっしょに地面や空気など、あらゆるものも同じ速さで動いているので、私たちが自転を感じることはありません。

その自転が、もし、一瞬でも止まったら、とんでもないことが起こります。自転は赤道の上の地点では、なんと時速1,670km。この速度に急ブレーキがかかるのです。空気が一気に動くことで大爆風発生、**世界のあらゆるものが一瞬でふっとんでしまいます。**「布団もふっとんだ」なんてことを言ってる場合ではありません。

月は天体が地球に衝突して作られた

地球にぶつかった天体がくだけてかけらに！

　ここに用意したのは、「月せいぞうき」です。ちょっとわたがし製造機に似ていると思いません？　それは当然。だって、**わたがしみたいに月はできたのですから。**

　機械の真ん中には、まだ誕生したての地球があります。ここに、ふだんから小さな天体がぶつかっていますが、これではまだ月はできません。必要なのは、地球の半分ほどの巨大な天体です。この巨大な天体が、地球にぶつかるとこなごなになり、地球のはへんとともに飛び散ります。そして地球の重力に引きよせられ、**周りを回りながら、集まり出すこと約1か月、わたしではなく、ボールのように固まります。**これが、月なのです！　注意の必要はないでしょうけど、なめてもあまくないですよ。

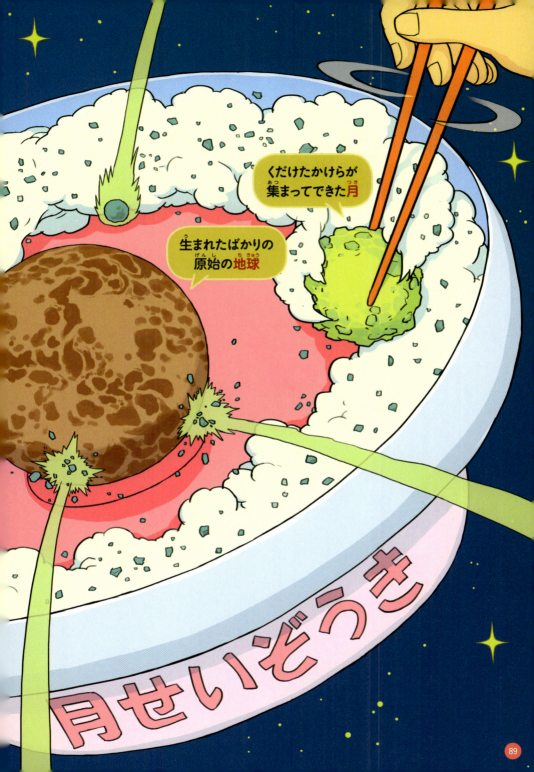

月への遠足は64年かかる

30年後 35万km

月は、地球からいちばん近い天体です。その距離は、約38万km。ざっくり地球9周半した長さです。そう聞けば、なんとなく近いような気も…人類が地球以外で降り立った唯一の天体ですし…。しかし、歩く速さが時速4kmの場合、24時間休まずに歩いても片道10年以上、1日8時間ずつ歩いたとしても、片道32年もかかってしまいます。往復すると64年。遠足で行くには遠すぎますかね？

月がなくなると砂漠はこおり南極は砂漠に！

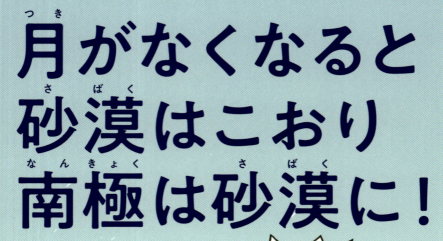

月がなくなると地球が**ぐらぐら**とかたむく！

太陽の当たる時間が安定しなくなるので、地球の温度が大きく変わり、氷河期がおとずれるかもしれないといわれています。

地球の周りを回る月が、もし、なくなってしまったら、とんでもないことが起きてしまいます。
　地球は北極と南極を結んだ「地軸」を中心に回っていますが、この軸の位置が安定しているのは、月があるからです。月が地球を引っぱる力がはたらくことで、地球の自転はふらつかずに、太陽の当たる時間も安定するのです。
　もし軸の角度が3度ずれたとすると、当然、太陽の当たり方が大きく変わります。その結果、環境が激変！　砂漠地帯はこおりつき、ぎゃくに南極や北極の気温が上がって氷はとけだします。あっという間に、生命が暮らせない星になってしまうでしょう。

地球のかたむきが変わることで、今より太陽の熱が南極に届くようになれば、氷がすっかりとけてしまうこともありえます。

宇宙の生物の王様はクマムシ

宇宙最強の生物
クマムシ

- 100℃の高温に耐えられる！
- マイナス270℃の低温に耐えられる！
- 水なしでもへっちゃら！
- 真空状態でも生きられる！
- 放射線に当たっても余裕！

実際のすがた。大きさはわずか0.5mmほど。暑い地域から寒い地域まで、地球のあらゆるところにいる。

　生命は地球にしか確認されていません。つまり地球最強生物が宇宙最強生物。これが何かといえば、**ライオンでもクマでも人間でもなく、クマムシです。**

　全長わずか0.5mmほどの水生の生物ですが、環境の変化にめっぽう強いのです。100℃の高温からマイナス270℃の低温、さらに水がほとんどない環境でも、乾燥した状態で耐え、再び水を与えれば復活します。おどろくことに、**真空で危険な放射線が飛びかう宇宙でも、生きていられる、とんでもない生物**なのです。

　ただし、寿命はわずか1年ほどしかなく、また、敵におそわれればあっさり死んでしまいます。

　星空をながめていると、星がヒュン！　流れ星は、地球に突入してきた小さなちりが、大気とぶつかって熱くなりガスになって光ったもの。流れ星を見たら、願いごとを3度となえると、願いがかなうといわれますが、一瞬すぎてとても間に合いません。でもご安心を。実は流れ星は、街や月の明かりのせいで見えにくいだけで、地球全体で1日に2兆個もふり注いでいるのです。だから、いつでも空を見上げて願いごとをとなえればOKなんです。「いやいや、自分の目でしっかり見ないと信じられない」なんて人には、夏や冬の、山の上がオススメ。流星群という、たくさんの流れ星を見られる時期もあります。もう、願いとなえほうだい、かなえほうだい！

宇宙を調べる方法はいろいろ

宇宙望遠鏡

望遠鏡を宇宙に打ち上げて調べる方法です。地球からは見えづらい天体も見ることができるのです。

宇宙ステーション

地球の周りを回っている宇宙基地。宇宙でいろいろな実験を行います。およそ90分で地球を1周します。

宇宙研究所

アメリカのNASAや日本のJAXAなど、宇宙について研究している場所。たくさんの研究者が宇宙について調べています。

電波望遠鏡

宇宙から飛んでくる電波をキャッチして、人の目では暗くて見えないものを調べることができます。

宇宙について、私たちはどうやって研究しているのでしょう？　その方法はいろいろあります。たとえば、太陽系の惑星は、**無人探査機**などを飛ばしたり、惑星に**無人探査車**を送りこんで観測します。たどりつくことも難しい、遠い星や銀河の場合は、**天体望遠鏡**や、電波で調べる**電波望遠鏡**などで調べます。

また、地上400kmの宇宙に造られた**宇宙ステーション**では、宇宙の特殊な環境を調べたり、無重力を利用した、宇宙でしかできない実験などを行ってます。こうして、謎に満ちた宇宙空間や天体のひみつを解き明かそうとしているのです。

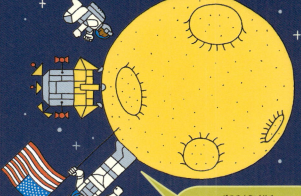

人工衛星
地球の周りを回りながら、地球の天気を調べたり、地球上にあるものの位置の情報を送ったりしています。

月面着陸
天体に直接、人が上陸して探査を行います。人間が着陸できた天体は月だけです。

天体望遠鏡
レンズを通して遠くのものを拡大できる望遠鏡は、宇宙にある星たちを見て調べることができます。

ロケット
人工衛星や人間を宇宙へ運ぶための乗り物です。燃料を燃やしてガスをふき出し、打ち上げます。

無人探査機
人が乗っていない探査機。人間が行けないはるか遠いところへ行って、今も宇宙を調べています。

絶対に行けない遠くの星も光で観測できる

光には たくさんの種類がある！

　光は、明るさや暗さを感じさせる、目に見えるものだけではありません。それは光の一部。実際には、**目に見えない光もある**のです。そして、光の種類によって、ちがう特徴があります。

　宇宙の星からは、この目に見えない光が放たれ、地球に届いてきています。それらを観測し、分析することで、地球からはるか遠い星の性質や、そこで起きているさまざまな現象を知ることができるのです。いわば宇宙からの光は、様子を教えてくれる手紙のようなものなのです。

電波
中性水素分子
水素分子
赤外線
近赤外線
可視光線
X線
ガンマ線

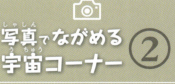

写真でながめる宇宙コーナー ②
〜 いろいろな光で見た天の川 〜

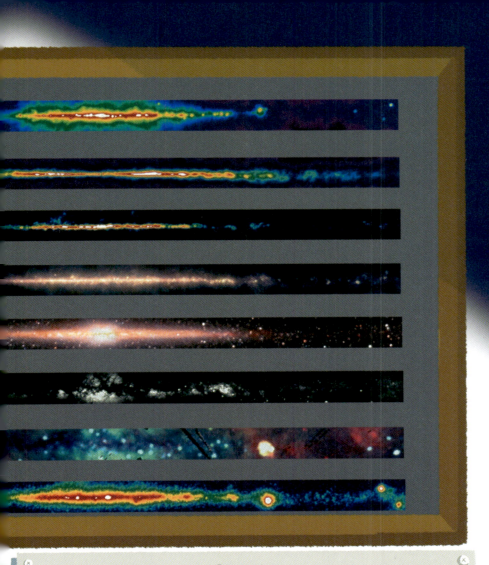

　上の写真は、天の川のさまざまな光を撮影して、たてに並べたものです。光の種類によって、宇宙の見え方はぜんぜんちがって見えることがわかります。
　このように、光には、さまざまな種類があります。たとえば、私たち人間の目に見える光のことを「可視光線」と呼びます。そのほか、目には見えない光には、テレビを見るために必要な「電波」、レントゲンなどで使う「Ｘ線」、日焼けの原因となる「紫外線」などがあります。宇宙の研究では、こうして宇宙から届くさまざまな光を調べながら、観測を続けています。

宇宙服は1着10億円

宇宙は人間にとって、超かこくな空間です。空気がなく、温度差はマイナス150℃から120℃とはげしく、さらに放射線という人体に害のあるものが飛びかっているのです。当然、生身では過ごせません。そこで欠かせないのが、宇宙服！ **温度調節機能や、生命維持装置など、特別な機能がいたれりつくせり**。がっつり体を守ることができます。それだけに**お値段もとびっきりの1着10億円！** もしバーゲンセールがあったとしても、ちょっとやそっとでは手が出ませんね。

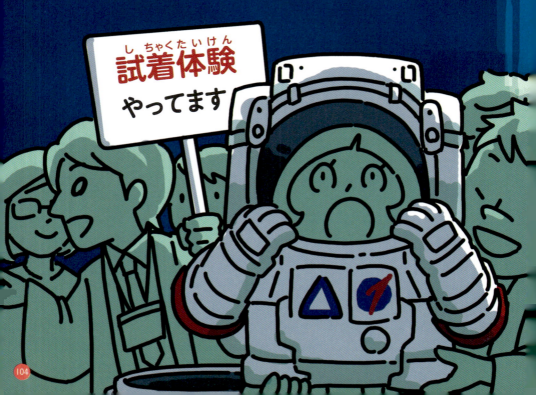

試着体験やってます

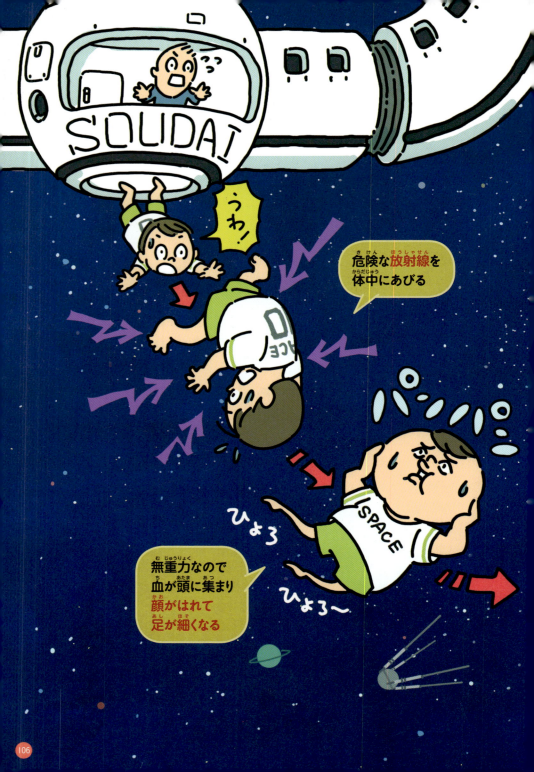

宇宙服がないとミイラになる

　もし宇宙服も着ずに宇宙船の出入り口で、「押すなよ」なんてふざけて（←やるなよ！）、宇宙空間に出てしまったら…それはもう、恐ろしいことになります。たとえば、宇宙空間を飛びかう放射線をあびて、がんなどの病気になるかもしれません。また、重力がないため、血液が頭のほうに集まり、顔はパンパン、足はひょろひょろに。とはいえ実際はそうなるヒマもなさそうで、空気がなく気圧が低いため、血液などの体中の水分は、あっという間にふっとう。その結果、**わずか20秒でカラカラのミイラ状態になってしまいます。**
　宇宙に行くときは、くれぐれも服装にご注意ください。

体中の血がふっとうする

20秒で全身の血がなくなりミイラになる

さそり座は室町時代の光

　夏の夜、あなたが真南の空を見上げたとします。きっと、さそり座の星アンタレスのひときわ明るい輝きが目に飛びこんでくるでしょう。「ああ、今も輝いているのだなぁ」…なんて感想をもつかもしれませんが、アンタレスの光、実は〝今〟放たれた光ではありません。**約600年前、日本が室町時代だったころにキラッとしたものなのです。**

　光は1秒間に約30万km進みます。**地球とアンタレスは、光の速さで約600年かかる（600光年）ほど離れているので、地球に光が届くまでそれほどの時間がかかる**、というわけなのです。夜空をキラキラ演出している星の光は、長い年月をかけ、はるばる旅をしてきたものなのです。

地球

さそり座の星
アンタレス

地球から600光年離れたところにあるアンタレスは、さそり座でいちばん明るい赤い星です。地球からの距離は約5,800兆km。大きさは太陽の約700倍もあります。

40億年前の月のでかさは今の20倍

月は地球から約38万km離れた場所にあります。でも、この距離はず〜っといっしょだったわけではありません。

今から40億年以上前、まだ月ができたばかりのころは、地球のけっこう近くにありました。そのため、**見かけの大きさは現在の20倍もあったのです。** やがて、地球の周りを回る力の影響で、1年に3〜4cmずつ遠ざかり、現在の位置となりました。そして、今も少しずつ離れていっています。

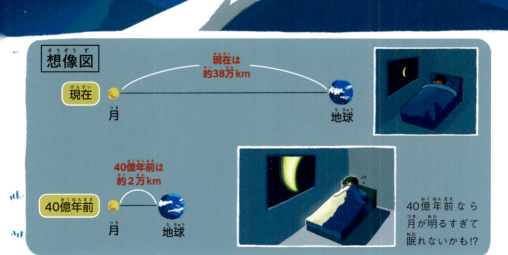

想像図

現在　月　現在は約38万km　地球

40億年前　月　40億年前は約2万km　地球

40億年前なら月が明るすぎて眠れないかも!?

月の土地は絶賛発売中？

夜空にかがやく月。その土地は、実はだれでも買うことができます！ というのも、月は国が持つことはできないルールがありますが、個人では持っていてはダメという決まりがないのです。そこでアメリカの会社が、冗談半分で月の土地を売り始めました。だれでも買うことができるので、自分用やプレゼントなどで好評なようです。ただし、本当に土地を持つ権利が発生するわけではありませんので、ご注意を！

地球の周りには2万個以上のゴミがある

　ゴミが深刻な環境問題になっているのは、地球だけではありません。宇宙でもこまったことになっています。**宇宙のゴミは「スペースデブリ」と呼ばれます。その正体は、使われなくなった人工衛星やロケットや、その破片など。**これらが地球の周りを、秒速7〜8キロという速さで回っています。

　しかも、もし、スペースデブリが人工衛星などにぶつかると、小さな破片であっても、大きな事故を起こしかねません。そこで、なるべくスペースデブリを出さないようにする工夫や、回収する方法が研究されています。このままでは危険だし、宇宙人が見たら地球の周り「汚ねっ！」とあきれられてしまうかも。急ぎ対策を求む！

宇宙に行くなら エレベーター

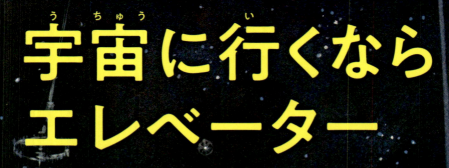

　あなたは宇宙に行きたいと思ったことはありますか？　そう思っても、特別な訓練が必要だったり、宇宙船を打ち上げるなど、まだまだ大変なことも多いもの。だれでも行けるというわけではありません。

　でも、ご安心を！　訓練もなしに、カンタンに宇宙に行く方法が考えられています。それが「軌道エレベーター」！　**地上から上空36,000km静止衛星（地球の自転と同じ速度で動く人工衛星）まで、ケーブルでつなぎ、エレベーターで上り下りをするというもの。**2050年の実現を目指しています。だれでも宇宙に行ける時代は、すぐ手の届くところに！

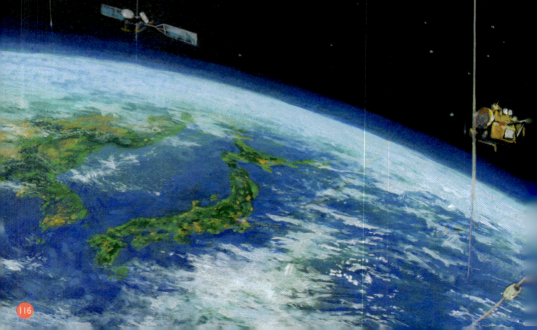

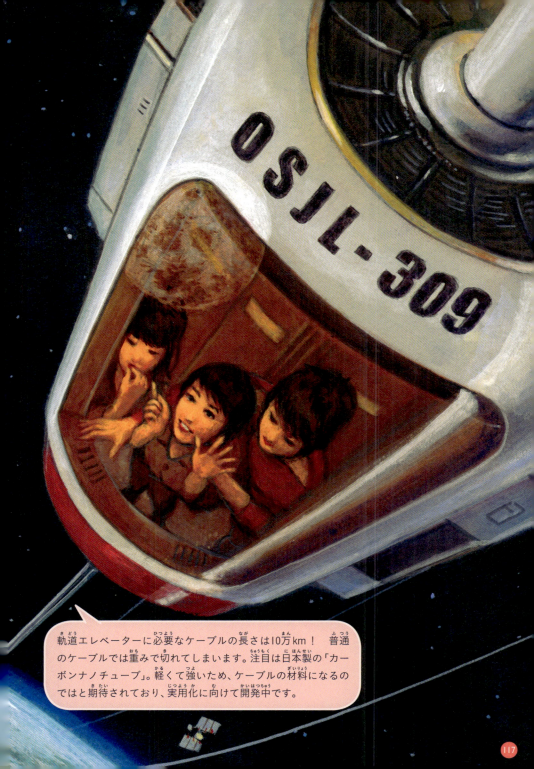

軌道エレベーターに必要なケーブルの長さは10万km！ 普通のケーブルでは重みで切れてしまいます。注目は日本製の「カーボンナノチューブ」。軽くて強いため、ケーブルの材料になるのではと期待されており、実用化に向けて開発中です。

宇宙にうかぶ望遠鏡がある

　宇宙をさぐるために使う天体望遠鏡。でも、地球上からだと、天気に左右されたり、空気にじゃまされて、はっきりくっきりと星を見ることができません。

　それなら、**天気や空気も関係ない宇宙に、天体望遠鏡があればいい**。このような発想で打ち上げられたのが、ハッブル宇宙望遠鏡をはじめとした、宇宙にうかぶ望遠鏡（天文観測衛星）です。

　ハッブル宇宙望遠鏡は、大型バスほどの大きさで、地上約550kmの宇宙にうかんでいます。そして地球からはるかに遠い星や銀河など、たくさんの宇宙のすがたをとらえ、新たな銀河のすがたなどの新発見を続けています。

左の写真は、ハッブル宇宙望遠鏡で撮影されたいっかくじゅう座のバラ(ロゼット)星雲。宇宙にうかぶ望遠鏡は、遠い星々の美しいすがたを私たちに見せてくれます。

ハッブル宇宙望遠鏡
本体の長さ：13.1m
本体の重さ：11t
打ち上げの時期：1990年

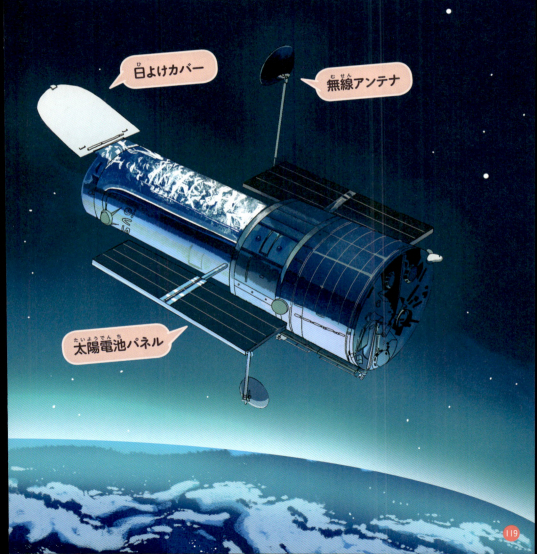

日よけカバー

無線アンテナ

太陽電池パネル

宇宙人へのメッセージをのせた宇宙船がある

広大な宇宙には、ひょっとすると宇宙人がいるかもしれません。でも、いたとしても、地球に人間がいるかどうか知らない可能性があります。せっかく同じ宇宙の兄弟。知らずに終わるのはもったいない…そこで、太陽系の惑星や、太陽系の外を調べるために打ち上げられた宇宙船ボイジャー1号、2号には、地球の写真や音楽などを記録したレコードが積まれています。地球を知ってもらうための、宇宙人へのメッセージというわけです。

現在、2機のボイジャーは、地球から数百億km離れた太陽系のはてでこどくな旅を続けています。2機はいつの日か、宇宙人と出会い、旅を終えるときをむかえるかもしれませんね。

ボイジャーが積んでいるもの

レコード
ケース

ボイジャーに積んであるレコードには、地球のいろいろな言語の音声や写真、音楽などが記録されています。ケースには、レコードの再生方法が書かれています。

星の光は、その星がどんな星なのかを教えてくれるからです。

年齢もわかるよ

- 物質の種類
- 温度
- 密度
- どんな状態なのか などなど

では天文学者たちは、光が宇宙を知る手がかりだとどうやって気づいたのでしょうか？

ニュートン
(1643～1727)

フラウンフォーファー
(1787～1826)

キルヒホフ
(1824～1887)

それには250年以上の年月が必要でした。

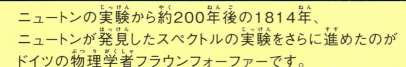
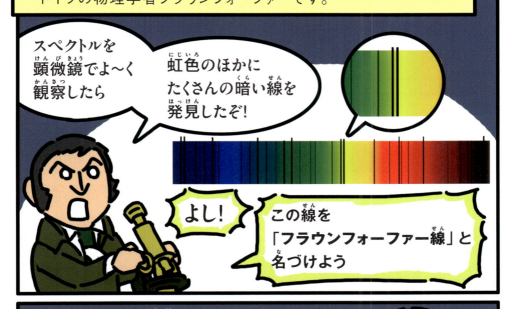

その後も研究は受け継がれ、目に見える光以外にもさまざまな光が存在することがわかってきました。

 テレビ
 携帯電話
 リモコン
 人間の目
 太陽
 レントゲン

電波　マイクロ波　赤外線　可視光線　紫外線　X線　ガンマ線

これらの光を利用することで、人類が観測できる宇宙の範囲はますます広がったのです。

宇宙に放たれた最古の光の名残を調べることさえできれば…

絶対にわからなかった宇宙の歴史だって解明できるかも…

…光 まさに宇宙からのメッセージですね

第3展示

はてしなく続く宇宙の旅

とほうもない宇宙の謎を調べていくことで、さまざまなことがわかりました。しかし、新たな謎が深まり、わからないことが増えていくばかりです。地球からはるか遠い宇宙の不思議、ミステリーをごらんください！

宇宙の暗さは大きな遊園地をろうそく3本で照らしたくらい

東京ディズニーランドと同じくらいの広さ！

ソウダイ・ランド
SOUDAI LAND

宇宙には、またたくように星が輝いていますが、全体的には暗いというイメージがあるでしょう。実際、宇宙の明るさはどれほどなのかといえば…1m²あたり、わずか0.000000008ワット。これをわかりやすくたとえると、真っ暗な東京ディズニーランド（51万km²）を、わずか3本のろうそくで照らしたくらいなのです。宇宙では、光の反射などもあるので、もう少し明るく見えますが、それでもそうとう暗いことがわかるでしょう。

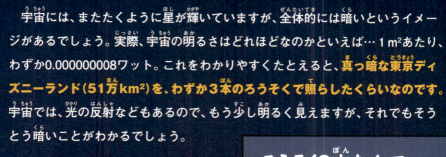

ろうそく3本なんて暗すぎ!?

星の光では広い宇宙を明るく照らすことはできないのです。

宇宙は大きな移動観覧車

　星々は、宇宙空間に静かにういている…なんてイメージはないでしょうか？　ところが、星は動きまくっています。止まることなく、くるくる回っています。まるで遊園地の観覧車のように。これはすべて、天体の重力が関係しています。

　たとえば、月のような衛星は、地球のような惑星の重力に引きつけられて周りを回っています。そして、惑星も、太陽のように自分で光る恒星の重力に引きつけられて周りを回っています。さらに、恒星も銀河の周りを回ります。それで終わりではなく、**銀河もまた宇宙を回っています。つまり、星々の漂う宇宙じたいが、いわば超巨大観覧車なのです。**

月は、地球の重力に引きつけられて、地球の周りを回っています。

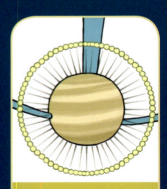

木星や土星のような大きな惑星は重力が大きいので、多くの衛星が引きつけられて、周りを回っています。

宇宙では ワープできる

「ワープ」という言葉を聞いたことはありませんか？ はるか遠く離れ、何千年もかかる長距離の移動を、わずか数日に縮めてしまう、SF作品ではおなじみの航法です。現在、この夢のような宇宙空間移動ができる宇宙船の研究が、NASA（米航空宇宙局）で行われています。開発中の宇宙船の名前は「IXSエンタープライズ」。有名なSF映画に登場する宇宙船をモデルにして、設計を進めているところです。

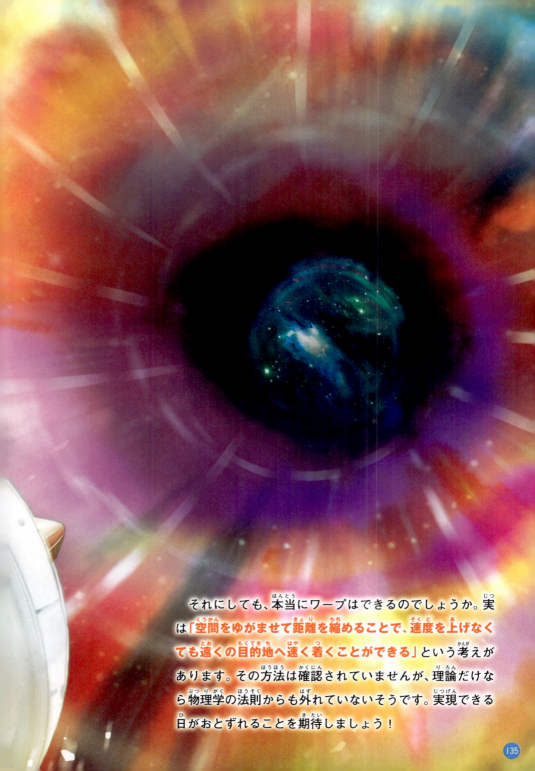

　それにしても、本当にワープはできるのでしょうか。実は「空間をゆがませて距離を縮めることで、速度を上げなくても遠くの目的地へ速く着くことができる」という考えがあります。その方法は確認されていませんが、理論だけなら物理学の法則からも外れていないそうです。実現できる日がおとずれることを期待しましょう！

どこまでも続く大きな壁が、川の流れをせさとめている…宇宙のなかでこんな場面を想像してみましょう。

　地球から約2億光年先の宇宙に、「グレートウォール」と呼ばれる、とほうもなく大きな壁があることがわかりました。壁は、たて2億光年、厚さ2,000万光年！　しかも、壁の横の長さは約6億光年と考えられていますが、どこまで続いているのかすらわかっていません。はたしてどれくらいの距離かというと、壁のはしからはしまで行こうと思っても、秒速300mの飛行機で、なんと600兆年もかかるのです！

　では、その壁はいったい何からできているのでしょう。それは、**たくさんの銀河からなる、銀河団の集まり**です。

　銀河や銀河団は、宇宙にまんべんなく存在しているわけではありません。宇宙空間の中で、集まっているところには集まり、何もないところにはありません。この、銀河団が集中している場所が、壁のように見えるのです。ただ、どうしてそのようにかたよって集まっているのか、はっきりしていません。謎の答えもまた、巨大な壁にはばまれているのです。

何もない宇宙空間

銀河の先には はてしない 壁がある

ひとつひとつの点が銀河！

壁や波をよく見ると、小さな点がたくさん集まっています。このひとつひとつの点が、なんと銀河。とほうもない数の銀河が集まって、宇宙のはてにとてつもなく大きな壁を作っているのです！

地球は太陽に食べられる!?

100億歳になると太陽が超巨大化

最後は太陽から3番目に近い地球が飲みこまれる

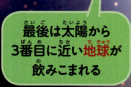

私たちに寿命があるのと同じように、星にも寿命があります。とはいえ、長さはかなりのもので、星によってちがいます。たとえば、太陽の場合は100億年ほど。太陽は今、約50億歳なので、まだまだ寿命はあります。では、寿命をむかえる〝そのとき〞が近づいたら、周りにある惑星は、どうなってしまうのでしょう。

太陽は寿命が近づくと、内部のエネルギーを使いはたし、どんどんふくらんでいくと考えられています。 そのため、寿命が迫るとともに、太陽に近い水星、金星が次々と飲みこまれていくでしょう。もちろん地球も同じ運命をたどります。100億歳に近づくとともに、太陽系の惑星たちは太陽のバースデーケーキ代わりになってしまうのです。こわっ！

ちなみに地球を飲みこんだあとも太陽はふくらみ続け、やがて表面のガスが宇宙空間へ散っていき、最後に小さな星となり、冷えていきます。

次に太陽から
2番目に近い**金星**が
飲みこまれる

最初に太陽から
1番近い**水星**が
飲みこまれる

現在の太陽
約50億歳

14年宇宙旅行すれば100年後の地球に行ける

「14年の宇宙旅行から地球に帰ると、100年たっていたんだ…」ちょっと何いってるかわからないですね。だって14年は14年であり、100年ではありません。もちろんこれには秘密があります。それは、速さ。というのも時間の進み方は、いつもどこでも同じではないからです。宇宙の法則によると、**速く動くものは、動いていないものよりも時間の流れがおそくなるのです。**時速1,000kmの飛行機の速さくらいでは、時間がおそくなるのは感じられません。それでも地上よりも、ごくわずかに時間の進み方がおそくなります。このスピードが、宇宙でもっとも速い光の速さに近づくほどちがいははっきりしてきます。もし、光速に近い宇宙船があるなら、船内の時間の進み方は、地球の時間の約7分の1になります。**14年もたつと、その間に地球では100年過ぎてしまうのです。**

人間もブラックホールになれる

もしも人間を縮める装置があったら…

人間を0.000000000000000000000000089cmに縮めると…

あらゆるものをブラックホールにできる！

地球の場合はどうでしょうか。地球を手のひらにのる直径2cmくらいのビー玉サイズまで縮めることができるなら、ブラックホールになる可能性はあります。

地球を…

ビー玉サイズに圧縮すればOK！

ブラックホールとは、重力がたいへん強く、あらゆるものを引き寄せてしまう謎多き天体のことです。ふつうは太陽の重さの30倍以上も重い星が爆発してできます。しかし、考えの上ではそのような場合にかぎらず、**どんなものでもブラックホールになります。**

というのも、太陽くらいの星でも、直径わずか6kmまで縮めてしまえば、重力が強くなり、ブラックホールになってしまうのです。これは人間であっても、ギュッと縮めることができれば同じです。あらゆるものがブラックホールになるのです。

ブラックホールに!!
ブオオオオオオ…

143

すい星はみな ふるさとから やってくる

すい星は、太陽の周りを回る星です。回り方やその期間、コースは、すい星によってそれぞれ。速いものなら３.３年で太陽をひと回りしますが、長いものなら数百年、なかには太陽系の外に出ていったり、太陽系の内側に落下して戻ってこないものもあります。

行き先は異なるものの、**多くのすい星のスタート地点は同じ場所…同じふるさとがあると考えられています。それが、太陽から約１光年離れた「オールトの雲」です。**オールトの雲には、１兆個ものすい星の元があるといわれています。そして、すい星はそれぞれの人生ならぬ星生を送るのです。

> すい星のふるさと
> 「オールトの雲」

オールトの雲の正体は、太陽系の惑星になれなかった小さな天体たち。惑星の重力や衝突などで飛ばされた小さな天体たちが、太陽系を囲むように集まったのです。

毎秒ワイン500本分のアルコールを出すすい星がある

お酒好きのおうちの方に、ぜひ教えてあげてほしい天体があります。その名は「ラブジョイすい星」。

ハレーすい星はほとんど氷でできていますが、このすい星の大気の成分を調べたところ、**1秒間にワイン500本分ものアルコールを宇宙にまき散らせていること**がわかりました。このようにお酒の成分がすい星から見つかったのは初めてのことです。

もし、このすい星の近くを宇宙船で通りかかれたら、飲酒運転になりかねないのでご注意を。

ラブジョイすい星
2014年、オーストラリアのラブジョイさんが発見したことから、この名前になりました。

どんな星にも寿命があります。太陽の10倍以上もの重さがある恒星の場合、一生の終わりに大爆発をします。そして、その残がいは中身がぎっしりつまった星になります。ギューッとつまっているので、たいへん重くなります。このような星を「中性子星」と呼びます。

なかでも地球から約1万6,000光年離れた場所にある中性子星は、わずか直径20kmながら、重力は地球の2,000億倍！ スプーン1杯分のかけらで、その重さは10億tにもなるのです。人も星も見かけによらないですね。

1tトラック
10億台分と同じ！

地球にあるものでたとえると、ティースプーン1杯が1立方cmくらいだとすると、その大きさで1tトラック10億台分の重さになるのです。とても机に置いておくことなんてできませんね。

8地点をつなぐ超巨大望遠鏡

ハワイ(アメリカ)

アリゾナ(アメリカ)

アタカマ砂漠(チリ)

「地球サイズの望遠鏡」を作る、というおどろきのプロジェクトがあります！ といっても、ひとつの望遠鏡ではありません。**地球上の各地にある8つの電波望遠鏡をそれぞれつなげて、同時に宇宙を観測するというものです。**そして、8つの望遠鏡の観測によって得られた、高性能パソコン1,000台分のデータをスーパーコンピュータで処理します。
その視力は、人間の約300万倍！ これは**月の表面に置いたゴルフボールを見ることができる**ほど。このとんでもない「目の良さ」によって、これまで観測できなかった、ブラックホールの影をとらえることができたのです。

重力の王様 ブラックホールをついに発見！

2019年、これまで不可能と考えられていたブラックホールの影の撮影に初めて成功しました。

ブラックホールは重力が強く、光すらも吸いこむ天体。ブラックホールの周りは真っ暗なため、見ることはできなかったのです。

これまで、ブラックホールはあるとされながら、そのすがたはとらえられませんでした。**今回の撮影成功により、その存在が確実なものとなった**のです。

この成果によって謎に満ちたブラックホールの研究が一気に進むと期待されています。

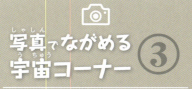

写真でながめる宇宙コーナー③

〜 だ円銀河 M87 の ブラックホール 〜

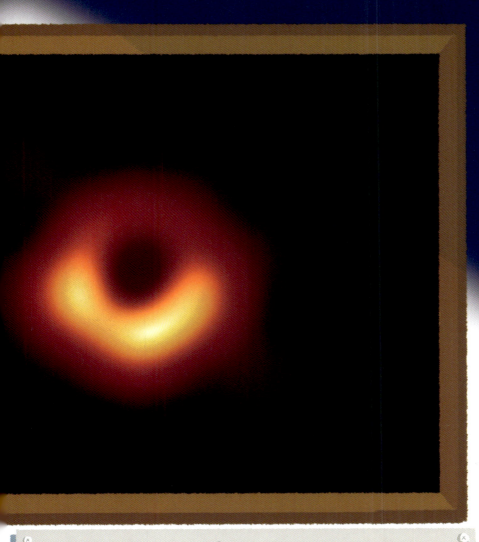

　今回撮影されたブラックホールの影は、地球から約5,500万光年離れた、おとめ座の方向にあるだ円銀河M87の中心にあります。写真中央の、明るい光のリングの中に見える暗い部分が、ブラックホールの影です。その質量は、なんと太陽の65億倍もあります。

　もちろん、宇宙にあるブラックホールはこれだけではありません。正確な数は不明ですが、ほとんどの銀河にはブラックホールがあると考えられています。観測できる範囲内だけでも、1,000億個以上あるようです。

宇宙人がいる確率を出す計算式がある

$$N = R_* \times f_p \times n_e \times f_i \times f_i \times f_c \times L$$

R*　銀河系で毎年生まれる恒星の数

f_p　恒星が惑星をもつ確率

f_i　その生命が知的生物に進化する確率

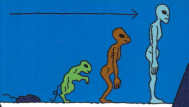

f_c　その知的生物が他の星に通信できる確率

現在、地球以外に知的生命体である宇宙人は見つかっていません。ただし、宇宙には数えきれないほどの星が存在し、地球とよく似た惑星も見つかってきました。宇宙人がいる可能性はゼロではないといえるでしょう。

さて、それではこの宇宙には、どれだけの宇宙人がいるのでしょうか？　その確率を導き出す数式があります。アメリカの天文学者ドレイクが考えた、「ドレイクの方程式」です。**さまざまな条件の数字を方程式に入れれば、宇宙人のいる惑星の数がわかる**という式なのですが…それぞれの項目にどんな数字を当てはめるのかは、人によって考え方がちがうので、正解はありません。

あなたがこの方程式を使ったら、どれくらい宇宙人がいるという結果が出るでしょうか？

銀河たちをつなぎとめる謎の物質がある

銀河は高速で回転しています。その速さは、太陽系の惑星のように内側が速く、外側はおそいと思われていました。ところが、よく調べてみると銀河の中心でも外側でも回転する速さはほぼ同じでした。外側が予想よりも速く回転していたら、星々が飛び出してしまい、銀河はバラバラになってしまうはずです。この謎を解くかぎが「ダークマター」です。目には見えない謎の物質ですが、まちがいなくある、ということがわかっています。このダークマターが銀河をおおい銀河をつなぎとめているようなのです。

名前：**ダークマター**
特徴：見えない、物体をすりぬける、質量をもつ
仕事：銀河の星々や銀河たちをつなぎとめる

　ちょっとこわい話をしましょう。あなたが、ふだん生活をしているとき、**気がつかないうちに、宇宙からやってきて、つねに体を素通りしている物質**があります。それも、1秒間に10兆個も！

　これ、なんなのかといえば、ニュートリノという物質です。**宇宙のあらゆる物質のなかでも最小**。だから、人間だろうとなんだろうと、貫通していってしまうのです。
　ニュートリノは、太陽の活動や恒星の爆発で発生するほか、宇宙が誕生したときにも生まれていて、現在も宇宙を飛びかっています。そのついでに、**地球やあなたの体の中も通過していくのです。**あなたがこの本を読んでいる、たった今も…！

ニュートリノをとらえる施設が日本にある

光センサーの大きさは**直径約50cm！**これでニュートリノを観測します。

修理などをするときは水を減らしてボートで中に入ることもあります。

> 観測中は天井まで水でいっぱいにします。

ニュートリノはあらゆる物質のなかで最小なので、本当にあるのかどうか、調べることはたいへん難しいものでした。その困難に立ち向かった施設が、「スーパーカミオカンデ」です。

ニュートリノは、水の中を通るとき、ごくまれにチェレンコフ光という光を放ちます。スーパーカミオカンデは、この光を壁面に設置した13,000個の検出器でとらえるのです。

スーパーカミオカンデでは、これまでに、**ニュートリノに重さがあることなどを、世界で初めて解き明かしました。**ニュートリノは宇宙が誕生したときからある物質なので、ニュートリノの研究が進むことで、宇宙の成り立ちなどに迫ることができます。

これがスーパーカミオカンデだ！

岐阜県

スーパーカミオカンデは岐阜県の神岡鉱山にあります。地下に埋まっていて、その深さは1,000mもあります。

宇宙は5％しか わかっていない

SouDaiGO

見つけたキャラクター **5%**

アツシ	カミラ	リズ	ボブ	エリカ	???	???	???	???	???
???	???	???	???	???	???	???	???	???	???
???	???	???	???	???	???	???	???	???	???
???	???	???	???	???	???	???	???	???	???
???	???	???	???	???	???	???	???	???	???

宇宙はいったい、何からできているのでしょう？　太陽などの恒星、地球のような惑星、ガスやちりなど、さまざまなものからできていることがわかっています。ただし、**それらは宇宙を作っている物質の、わずか5％ほどでしかありません**。では、残り95％はいったいなんなのかといえば、**いまだに正体不明、謎なのです**。もし宇宙の成分が、キャラクターを集めていくゲームだったとしたら、まだほとんどのキャラクターがコレクションできていないような、コンプリートにはほど遠い状況なのです。

正体不明の キャラクター **95％**

宇宙はまだまだ謎がいっぱい！

宇宙にある物質のほとんどが謎！

謎の物質 **95％**

正体がわかっている物質 **5％**

宇宙の研究はまだ始まったばかり！

宇宙の死に方は3パターン

　宇宙はビッグバンで始まりました。それなら、終わりもあるのでしょうか。もちろん、生まれたからには、死をむかえる最期はあります。宇宙は今もふくらみ続けていますが、この先何百億年後には終わりの時をむかえると考えられているのです。その**ご臨終パターンは、現在、3つの形が予測されています**。まず、ふくらむスピードがますます上がって、さらにどんどん広がる**ビッグリップ説**。ぎゃくに、ふくらみきったところで、今度はどんどん縮んでビッグバンより前の状態にもどる**ビッグクランチ説**。そして、ふくらむのに使われたエネルギーがなくなり、冷えて固まってしまう**ビッグチル説**です。ただし、どの説が正しいかははっきりしていません。

2. 縮む
ビッグクランチ

まるで水風船の水が抜けてしぼむように、広がり続けていた宇宙が、重力によって縮んでいきます。そして縮み続けた結果、小さな点になるまで小さくなり、ビッグバンより前の状態にもどります。

宇宙の外には別の宇宙があるかもしれない

宇宙はひとつしかないのでしょうか？ そんなの当たり前じゃないか、そう思う人もいるでしょう。ところが！ 宇宙のとほうもなさは、そんな常識すら、あっさりと打ちくだいてしまいます。そう、**私たちのいる宇宙の外には、別の宇宙があるという考えがあるのです！** それも無数に！

私たちの宇宙が何もないところから生まれたのなら、そうやって生まれた宇宙は、私たちの宇宙だけとはかぎりません。それは、だれかがしゃぼん玉をいくつもふくらませているようなイメージに近いかもしれません。そのしゃぼん玉ひとつひとつが、それぞれの宇宙、というわけです。

私たちの宇宙とは別の宇宙
私たちの宇宙の外にあると考えられている宇宙です。

私たちの宇宙
私たちの住む地球や太陽系、銀河系がある宇宙です。

シャボン玉には、大きくなるもの、すぐ消えるものなどがあるように、ほかの宇宙もまた、同じものがひとつとしてありません。私たちの宇宙と同じように大きくなり続け、またある宇宙は、もうすでに消えてしまったかもしれません。**しかし、それぞれの宇宙は重なり合うことがなく、私たちは知ることができないのです。**

宇宙発見伝 ③
アインシュタインとブラックホール発見

アルベルト・アインシュタイン
(1879〜1955)

2019年4月10日、宇宙についてものすごい出来事が起こりました。

うおおおおお……!!

ブラックホールの影の撮影に成功したのです。

実はブラックホールの撮影はおろか、つい最近まで本当にあるかどうかすら、人類はわかっていませんでした。

ブラックホールってのが「あるだろう」とは予測されている

でもそれはあくまで理論上の話でしょ？

結局 本当に存在しているかどうかは誰にもわからない…

う〜ん‥

ただ発見される100年も前に「ある」と予言した人物がいたのです。

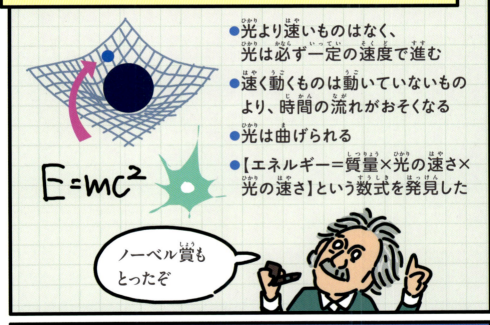

そうだいな宇宙展はいかがでしたか？
とほうもない宇宙の大きさを想像できたでしょうか？　数えきれない星たちの、地球の常識とはかけ離れた個性的なすがたや、宇宙の意外な事実、不思議さ、ミステリー…そのひとつひとつすべてが、おどろきに満ちあふれています。そのすごさ、面白さを感じることができたのではないでしょうか？

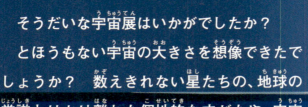

　しかし、この展示で紹介できたのは、宇宙のひみつのほんのわずかでしかありません。解き明かされていない宇宙の謎はたくさん残されているのです。つまり、この先も新発見があれば、宇宙展の作品はまだまだふえる可能性があります。いつかその事実を解き明かすのは、あなたかもしれませんよ！

監修者 渡部 潤一（わたなべ じゅんいち）
1960年、福島県生まれ。1987年、東京大学大学院、東京大学東京天文台を経て、現在、自然科学研究機構国立天文台副台長、教授、総合研究大学院大学教授。理学博士。国際天文学連合副会長。流星、彗星など太陽系天体の研究のかたわら、最新の天文学の成果を講演、執筆などを通してやさしく伝えるなど、幅広く活躍している。1991年にはハワイ大学客員研究員として滞在、すばる望遠鏡建設推進の一翼を担った。国際天文学連合では、惑星定義委員として準惑星という新しいカテゴリーを誕生させ、冥王星を準惑星とすることを決定した。

イラスト （五十音順）	あおひと、植田たてり、ウラケン・ボルボックス、海道建太、古賀マサヲ、坂月さかな、シマダット、ハートヘッドエミコ、平林知子、三村晴子、宮村奈穂
マンガ	ウラケン・ボルボックス
デザイン・DTP	MiKEtto、村野千草（有限会社中野商店）
写真提供	ユニフォトプレス、GettyImages
執筆	こざきゆう
編集協力	えいとえふ

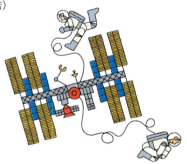

そうだいすぎて気がとおくなる 宇宙の図鑑

監修者	渡部潤一
発行者	若松和紀
発行所	株式会社 西東社 〒113-0034 東京都文京区湯島2-3-13 https://www.seitosha.co.jp/ 電話 03-5800-3120（代） ※本書に記載のない内容のご質問や著者等の連絡先につきましては、お答えできかねます。

落丁・乱丁本は、小社「営業」宛にご送付ください。送料小社負担にてお取り替えいたします。
本書の内容の一部あるいは全部を無断で複製（コピー・データファイル化すること）、転載（ウェブサイト・ブログ等の電子メディアも含む）することは、法律で認められた場合を除き、著作者及び出版社の権利を侵害することになります。代行業者等の第三者に依頼して本書を電子データ化することも認められておりません。

ISBN 978-4-7916-2874-2